Rahal Rasheed

Desenvolvimento de um método para determinar a durabilidade de fitas de espuma acrílica

Rahal Rasheed

Desenvolvimento de um método para determinar a durabilidade de fitas de espuma acrílica

Avaliação de um método para verificar o desempenho de transporte de carga a longo prazo de fitas de espuma acrílica para aplicações estruturais

ScienciaScripts

Imprint

Cover image: www.ingimage.com

This book is a translation from the original published under ISBN 978-3-659-85614-3.

Publisher:
Sciencia Scripts
is a trademark of
Dodo Books Indian Ocean Ltd. and OmniScriptum S.R.L publishing group

120 High Road, East Finchley, London, N2 9ED, United Kingdom
Str. Armeneasca 28/1, office 1, Chisinau MD-2012, Republic of Moldova, Europe
Managing Directors: Ieva Konstantinova, Victoria Ursu
info@omniscriptum.com

Printed at: see last page
ISBN: 978-620-8-56746-0

Índice:

As fitas adesivas sensíveis à pressão (PSA) de espuma acrílica são utilizadas em várias aplicações como alternativa aos fixadores mecânicos, especialmente em áreas como a colagem estrutural, que requer uma resistência e durabilidade exigentes.
Esta investigação centra-se na comparação dos valores de conceção do PSA de espuma acrílica utilizando o método de ensaio de cisalhamento estático e o método de ensaio de cisalhamento dinâmico, em conformidade com a especificação normalizada J0MP0164. O ensaio de cisalhamento estático tem muitas desvantagens; mas, por outro lado, é o ensaio que imita a utilização real de uma fita numa aplicação da vida real. O ensaio de cisalhamento dinâmico é uma forma mais rápida de testar e dá uma visão completa do comportamento de deformação da fita PSA.
A relação entre a carga estática e o tempo de rotura em várias cargas permite obter um modelo matemático para prever o desempenho a longo prazo de um PSA. Esse modelo é comparado com modelos matemáticos de corte dinâmico para verificar as diferenças nos valores de projeto obtidos.
O pico de tensão e o tempo no pico de tensão num diagrama tensão-deformação em vários ensaios de taxa de cisalhamento foram utilizados para manipular um modelo matemático para o comparar com o modelo de cisalhamento estático e ver como os dois modelos se correlacionam.
Foram investigados dois outros modelos de cisalhamento dinâmico. O primeiro modelo apresenta a relação entre a tensão de pico e o tempo de rutura efetivo, e o segundo modelo é a relação entre a tensão de pico e o tempo de rutura teórico. Estes dois modelos não mostraram diferenças notáveis nos valores de projeto estimados. Por outro lado, os valores de projeto obtidos a partir destes modelos foram 1015% superiores aos valores de projeto do cisalhamento estático.
Verificou-se que os valores de projeto estimados utilizando um método de cisalhamento dinâmico são apenas 3% superiores aos valores de projeto estimados a partir do método de cisalhamento estático. Além disso, as diferenças nos valores de projeto são consistentes quando previstos para 1 ano a 25 anos.
Os resultados apoiam a utilização do método de ensaio de cisalhamento dinâmico como uma técnica industrial para prever o desempenho de transporte a longo prazo da fita

PSA como um método alternativo ao ensaio de cisalhamento estático.

AGRADECIMENTOS

Gostaria de começar por partilhar os agradecimentos e as bênçãos a todas as mães da minha vida que, sem elas, nunca teria chegado onde estou agora. À mãe de todas as mães, o meu lar, a terra santa da Palestina. A todas as mães que perderam e continuam a perder as suas queridas vidas em guerras e tragédias.

Para a minha mãe, sempre que me senti em baixo ou deprimido, encontrei felicidade e paz na sua voz, sei que estive nas suas orações todos os dias desde que parti, e sei certamente que nunca teria sido um homem de sucesso sem a minha fé em Deus e a sua fé em mim.

Outra futura mãe, uma pessoa fantástica que acrescentou bênçãos e felicidade à minha vida desde o momento em que a conheci, a minha linda esposa Reem. A melhor coisa que fiz na minha vida foi casar contigo, és uma pessoa tão forte que me fez passar por muita coisa, obrigado.

Estendo a minha gratidão à melhor família que um homem pode desejar. Ao meu pai, o meu herói, o homem que sempre me apoiou e acreditou em mim, o homem que me educou para acreditar que posso chegar à lua e mais além. Aos meus irmãos, os meus melhores amigos e companheiros. Da mesma forma que quero ser bem sucedido e feliz na minha vida, quero exatamente a mesma coisa para vocês e ainda mais.

Aos meus avós, amo e sinto muito a vossa falta, vocês são o raio de sol da minha vida, que Deus vos dê mais e mais anos de alegria e felicidade. Aos meus amigos, a todas as pessoas que conheci e que tiveram um contributo positivo na minha vida, obrigada. Obrigada por me terem feito sentir bem-vinda e calorosa.

Gostaria de agradecer ao meu supervisor, Dr. Andrew Kline, pelo seu tempo e esforço para me ajudar a analisar esta pilha de documentos. Gostaria também de agradecer aos membros do meu comité, Dr. James Springstead e Dr. Said Abubakr, que têm o mérito de ter iniciado o meu mestrado aqui na WMU.

Rahal Rasheed

Capítulo 1
INTRODUÇÃO

1.1 Antecedentes

Historicamente, os adesivos sensíveis à pressão (PSA) têm sido utilizados para a colagem temporária de substratos. No entanto, com os recentes desenvolvimentos tecnológicos, os PSA estão a encontrar aplicações na colagem a longo prazo de substratos com capacidade de carga moderada. Os PSA são constituídos por materiais poliméricos que são viscoelásticos por natureza. Consequentemente, os PSA apresentam um comportamento tanto elástico como viscoso. Por conseguinte, estes materiais deformam-se quando sujeitos a tensão. A extensão da deformação é uma função da carga, do tempo e da temperatura. A fluência acaba por conduzir a uma falha na ligação e nas peças que são mantidas juntas pelo adesivo. Uma das perguntas mais frequentes - especialmente dos clientes de materiais de construção - é quanto tempo é que uma fita de dupla face sensível à pressão aguenta uma carga antes de falhar? São utilizados diferentes métodos para determinar o tempo de retenção de uma fita antes da falha. Tanto os testes de cisalhamento estático como os testes de cisalhamento dinâmico são utilizados para prever o desempenho a longo prazo de uma fita. Num ensaio de cisalhamento estático, uma extremidade da fita adesiva sensível à pressão é colada a uma superfície e a outra extremidade é sujeita a uma carga constante na vertical, onde a carga é pendurada livremente e o tempo até à falha é registado. Num ensaio dinâmico, as partes coladas são puxadas a uma velocidade constante e o pico de tensão para a falha é registado, o que constitui um método de ensaio indireto mas mais rápido. Por conseguinte, os clientes estão interessados nos valores de conceção dos sistemas adesivos. O valor de projeto é um sistema utilizado para prever o tempo de falha da área colada sujeita a uma carga específica. É prático utilizar o ensaio de cisalhamento estático quando a ligação falha num período de tempo razoável. No entanto, a longo prazo, por exemplo, um ano ou mais, é necessário pelo menos um ano para efetuar a medição. Por conseguinte, é habitual prever o comportamento a médio e longo prazo através da extrapolação dos resultados a curto prazo. O cisalhamento dinâmico é uma técnica alternativa rápida para fazer previsões a longo prazo em experiências de muito curto prazo. No método atualmente utilizado, os resultados do cisalhamento dinâmico podem ser correlacionados com o cisalhamento estático para alguns sistemas adesivos. No entanto, não consegue prever uniformemente o desempenho a curto e médio prazo de algumas outras colas. Os valores de projeto previstos utilizando o cisalhamento estático e o cisalhamento dinâmico diferem. O objetivo deste trabalho é introduzir melhorias no sistema de previsão atual, de modo a que o ensaio de cisalhamento dinâmico a curto prazo possa ser utilizado como um ensaio padrão industrial.

1.2 Objectivos

O objetivo deste trabalho é introduzir melhorias no atual sistema de previsão, de modo a que o ensaio de cisalhamento dinâmico a curto prazo possa ser utilizado como um ensaio padrão industrial. Se os métodos de cisalhamento estático e de cisalhamento dinâmico puderem aproximar-se para prever um valor de projeto comparativo, então o método de cisalhamento estático pode ser substituído por um método de ensaio mais rápido e mais preciso.

Outro objetivo que este estudo pretende alcançar é determinar a melhor geometria de um PSA para suportar tensões durante um período de tempo mais longo antes da sua utilização final. As geometrias a estudar são a direção da máquina (MD) e a direção transversal (CD). A MD é a direção dos materiais paralela ao seu movimento para a frente numa máquina, por exemplo, uma extrusora, enquanto a CD é a direção em ângulo reto (90°) em relação à direção da máquina. A Figura 1.1 mostra o produto utilizado para esta investigação com um esquema de MD e CD.

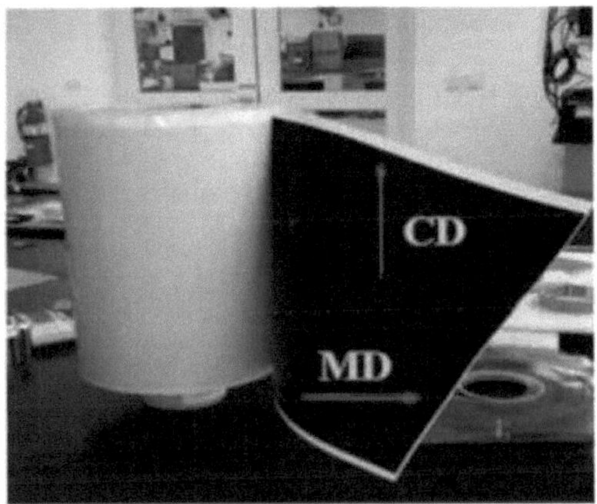

Figura 1.1: Direção da máquina e direção transversal num rolo de fita PSA

1.3 Aplicações

Os resultados apresentados nesta tese fornecem conhecimentos sobre a resistência ao cisalhamento da fita de espuma acrílica. Estes resultados podem ser diretamente aplicados como valores de projeto para aplicações como a colagem estrutural e a montagem de sinalética. Além disso, este estudo pode provar a fiabilidade dos sistemas de previsão a longo prazo atualmente utilizados.

1.4 Limitações do estudo

Embora o objetivo do estudo seja o desenvolvimento de um método de previsão do desempenho a longo prazo da fita PSA, todos os testes são efectuados em condições normalizadas de laboratório e em substratos normalizados . Isto não reflecte as aplicações da vida real, a menos que sejam implementados e tidos em consideração outros ensaios em condições de envelhecimento. Também deve ser considerado um fator de segurança para aumentar a capacidade de carga esperada que a fita PSA pode suportar a longo prazo.

Além disso, esta investigação realizou ensaios na direção de cisalhamento (direção y) de uma fita PSA, pelo que os valores de conceção só são aplicáveis a aplicações semelhantes. A utilização de um PSA na direção de tração (direção z) requer mais investigação.

Capítulo 2
LITERATURA E ANTECEDENTES

2.1Introdução

O adesivo sensível à pressão (PSA) é um adesivo que requer pressão para formar uma ligação entre o adesivo e o substrato.

Os PSA são utilizados para unir duas partes sólidas, de forma permanente ou temporária. As fitas são o produto mais comum dos PSA. Estes produtos podem ser utilizados em várias aplicações, como montagem, embalagem, reparação, proteção de superfícies, etc.

O Dr. Horace Day, um cirurgião, foi o primeiro a desenvolver uma fita sensível à pressão, em 1845, ao conceber um método de aplicação de um adesivo de borracha natural a tiras de tecido, produzindo assim uma espécie de fita cirúrgica que utilizava na sua prática [1]. Durante algumas décadas, as aplicações de PSA limitaram-se a utilizações médicas. Atualmente, as fitas PSA estão em todo o lado e são utilizadas em diferentes indústrias, como a automóvel, a da construção, a eletrónica, a dos electrodomésticos e outras. A procura de PSA está a aumentar todos os anos. Prevê-se que o mercado das colas sensíveis à pressão cresça a uma taxa de 5,8% a partir de 2013, atingindo um volume anual de cerca de 3.460 quilotoneladas em 2018 [1].

A fita PSA é uma combinação de dois componentes: o suporte e o adesivo. O suporte é o material que transporta o adesivo, podendo ser qualquer material flexível que esteja a ser utilizado pelas suas caraterísticas, dependendo da aplicação a que se destina. O suporte pode ser de papel, polipropileno, tecido, acrílico, etc. O adesivo pode ser revestido num lado (face simples) ou em ambos os lados (face dupla) do suporte. Além disso, as fitas PSA de dupla face podem ter um revestimento de proteção, que é utilizado para proteger a cola da contenção até ao ponto de utilização. A Figura 2.1 ilustra um esquema da estrutura de uma fita PSA de dupla face com um suporte de núcleo acrílico. A importância relativa do suporte e do adesivo pode variar muito consoante a aplicação a que se destina a fita PSA. Propriedades como o descolamento, a resistência ao corte e a aderência são utilizadas para determinar o desempenho da fita PSA, consoante a aplicação a que se destina. O equilíbrio destas propriedades determina as suas responsabilidades dependentes do tempo e a força de ligação [2].

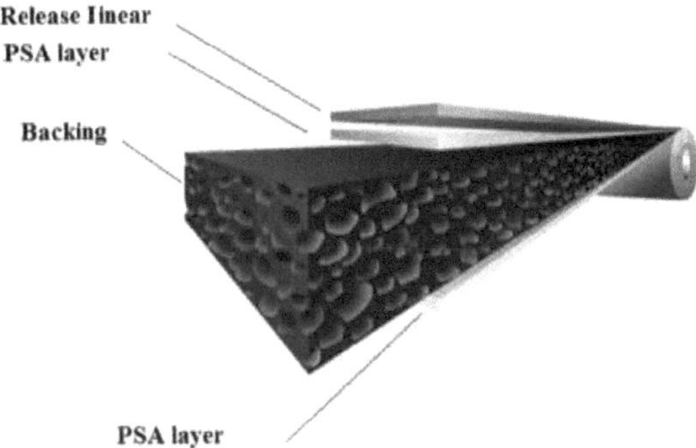

Figura 2.1: Um esquema da estrutura do PSA de dupla face [3]

Esta investigação centrar-se-á nas aplicações de montagem de um PSA. Os PSAs são constituídos por materiais poliméricos de natureza viscoelástica. Além disso, os PSA apresentam um comportamento tanto elástico como viscoso. Quando uma fita de PSA é sujeita a tensão ou carga, a fita deformar-se-á e, em última análise, conduzirá a uma falha na ligação e nas peças que são mantidas juntas pelo adesivo. A resposta à deformação pode ser expressa como carga versus tempo ou como módulo versus tempo. O módulo é a relação entre a tensão e a deformação. As falhas de ligação adesiva são normalmente divididas em falhas adesivas e coesivas. A falha adesiva é a separação das ligações adesivas da superfície ligada, enquanto a falha coesiva é a quebra das ligações internas do adesivo. A resistência ao cisalhamento será a propriedade investigada para aplicações de montagem. O cisalhamento é a capacidade de um adesivo de resistir à fluência ou ao deslizamento sob carga ou força.

2.2 Métodos utilizados

Existem diferentes métodos para determinar o desempenho a longo prazo dos PSA, que podem ser classificados de acordo com dois critérios:

1) Método de análise das caraterísticas do PSA, que pode, em última análise, levar a uma previsão do comportamento da resistência ao cisalhamento.
2) Teste de aplicação de um PSA.

2.1.1 Métodos de análise das caraterísticas do PSA

A reologia, utilizando oscilações de pequena amplitude, pode ser utilizada para testar as colas ao longo de todo o perfil viscoelástico. Um reómetro pode ser utilizado para aplicar pequenas amplitudes (frequências) numa amostra circular de PSA, o que faz com que a tensão de corte seja proporcional à deformação de corte, uma condição necessária para a viscoelasticidade linear [4].

Outro método foi desenvolvido por Williams Plasticity. O conceito consiste em determinar a reologia de um PSA através de uma análise mecânica dinâmica para prever todos os aspectos do desempenho do adesivo, incluindo a adesão e a coesão [5, 6]. Utilizando uma varredura de temperatura de G' (módulo de elasticidade) e G" (módulo de viscosidade), podem ser efectuadas previsões de adesão através da técnica de janela viscoelástica, e a coesão pode ser prevista através do rastreio de G' em função da temperatura [7, 8].

2.1.2 Teste de aplicação de um PSA

Esta secção centrar-se-á apenas nos métodos de ensaio de cisalhamento estático e de cisalhamento dinâmico. Num ensaio de cisalhamento estático, uma extremidade da fita adesiva sensível à pressão é colada a uma superfície e a outra extremidade é sujeita a uma carga constante na vertical, onde a carga é pendurada livremente e o tempo até à falha é registado. Num ensaio dinâmico, as partes coladas são puxadas a uma velocidade constante e o pico de tensão para a falha é registado. Um ensaio dinâmico é um método de ensaio indireto mas mais rápido. A Figura 2.2 ilustra esquemas de configuração de um ensaio de cisalhamento estático. Duas placas de ensaio são coladas utilizando uma fita de dupla face aplicada na extremidade das placas e uma carga constante é pendurada livremente na outra extremidade da placa, sendo registado o tempo até à rotura.

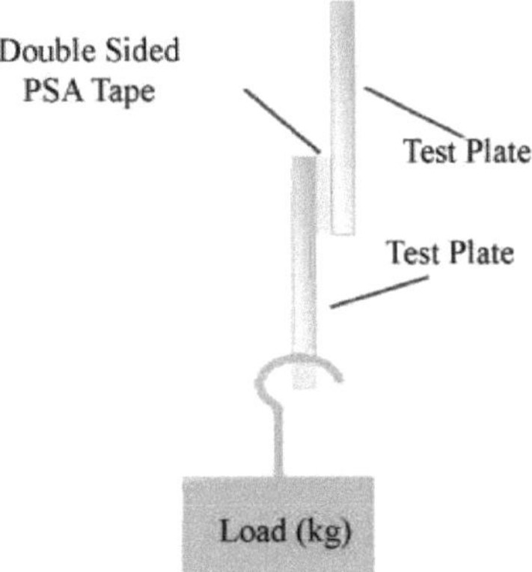

Figura 2.2 Esquema de configuração do ensaio de cisalhamento estático

A Figura 2.3 ilustra uma configuração de ensaio de cisalhamento dinâmico. É utilizada uma fita de dupla face para unir duas placas de ensaio e a extremidade das placas é fixada numa máquina de tração que puxa verticalmente a placa de ensaio superior a uma velocidade constante. A força de pico e o tempo de rutura são registados.

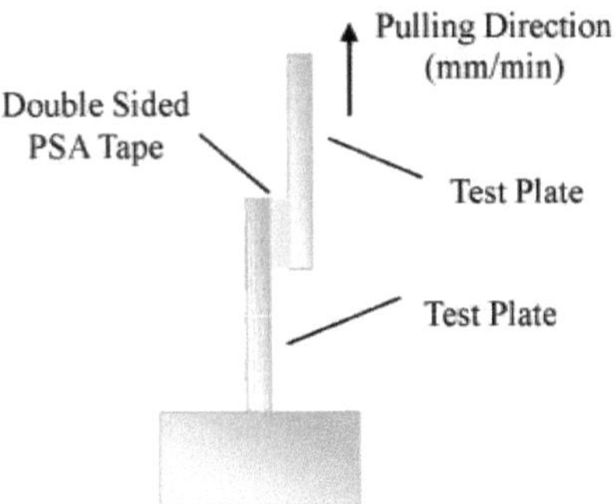

Figura 2.3 Esquema de configuração do ensaio de cisalhamento dinâmico

Capítulo 3
TRABALHOS PREPARATÓRIOS E PLANO EXPERIMENTAL
3.1 Preparação da amostra

O adesivo sensível à pressão utilizado neste estudo é uma fita de espuma acrílica com adesivo acrílico, com uma espessura total de 1.200 nm. As amostras serão recolhidas em duas direcções geométricas, a direção da máquina e a direção transversal. A direção da máquina é a direção ao longo da largura do rolo, e a direção transversal é a direção ao longo do comprimento do rolo ou perpendicular à direção da máquina.

Serão utilizados painéis de aço inoxidável padrão "25 mm x 50 mm" para os ensaios de cisalhamento estático e dinâmico. Cada amostra será replicada 5 vezes para ter em conta a variação e obter resultados consistentes. As amostras de fita utilizadas para esta investigação são cortadas para eliminar a variação das dimensões.

3.1.1 Amostras de cisalhamento estático

Os painéis e a fita de aço inoxidável serão mantidos em ambiente laboratorial (23 ±1 °C, 50% ±5 de humidade relativa) durante, pelo menos, 24 horas antes da preparação das amostras. Todos os painéis de aço inoxidável utilizados para este ensaio são novos e utilizados pela primeira vez para efeitos do presente projeto e não serão reutilizados para preparar outras amostras para este projeto. Os painéis de aço inoxidável são limpos com um lenço de papel saturado com acetona e enxugados várias vezes. A fita é centrada no painel e pressionada de acordo com a especificação número J0MP0164 (Apêndice A). Cada 1 cm^2 requer 100 N durante 1 minuto, pelo que as amostras serão pressurizadas a 260 N durante 1 minuto. A pressurização será efectuada com uma prensa de montagem Baltec. As amostras serão deixadas a repousar à temperatura ambiente durante 72 horas antes de se suspenderem os pesos. A Figura 3.1 mostra as cargas aplicadas às amostras de cisalhamento estático.

Quando a carga é pendurada nas amostras, o temporizador liga-se. Uma extremidade da fita adesiva sensível à pressão é colada à superfície de aço inoxidável e a outra extremidade é sujeita a uma carga constante na vertical, onde a carga é pendurada livremente. Eventualmente, a fita PSA falha e o temporizador desliga-se. As cargas utilizadas são 1,02, 1,52, 2,02, 2,52, 3,02, 3,52 e 4,02 kg. As cargas selecionadas são aleatórias e escolhidas para cobrir intervalos de tempo de falha de algumas horas a meses. O tempo de falha versus a tensão são representados num gráfico. A Figura 3.1 mostra as cargas aplicadas a amostras de cisalhamento estático. As amostras são penduradas num gancho ligado a um temporizador . Quando a carga está ligada, o temporizador liga-se, quando a carga cai, o temporizador desliga-se.

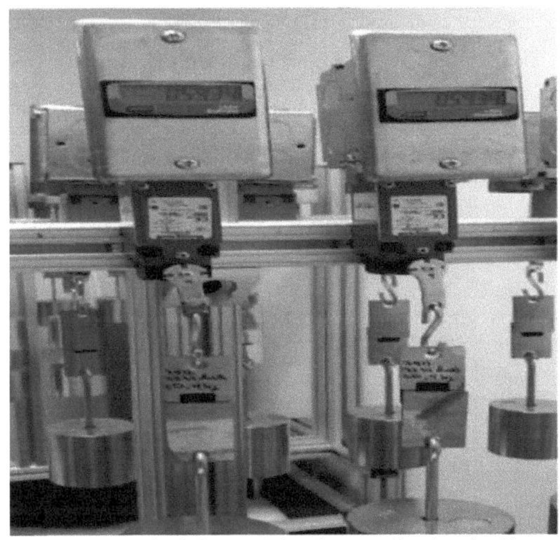

Figura 3.1: Configuração do laboratório de ensaio de cisalhamento estático

3.1.2 Amostras de cisalhamento dinâmico

As amostras foram preparadas utilizando o mesmo procedimento que as amostras de cisalhamento estático. As dimensões da fita utilizadas para este ensaio são são as mesmas do ensaio de cisalhamento estático para eliminar as variáveis que afectam os resultados finais.Uma extremidade dos painéis de ensaio será e a outra extremidade será puxada verticalmente a uma velocidade constante e a tensão de pico para a falha é registada utilizando uma máquina de ensaio de materiais que é utilizada para determinar a resistência e o comportamento de deformação dos materiais ao cisalhamento. As máquinas que estão a ser utilizadas são a Zwick / Z 2.5 e a Instron 33R4464, como se mostra na Figura 3.2 a. e b., respetivamente. As velocidades que serão utilizadas para efetuar os ensaios são 0,005, 0,05, 0,5, 5, 50 e 500 mm/min. As velocidades foram escolhidas para captar uma gama de tempos de rotura de alguns segundos a várias horas. O tempo de rotura versus a tensão são representados num gráfico para criar um modelo matemático. A Figura 2.3 ilustra um esquema da configuração do ensaio de cisalhamento dinâmico.

Dependendo da correlação, a área de fita necessária para suportar uma carga constante durante um período de longo prazo, por exemplo, 25 anos, será então estimada por extrapolação.

Figura 3.2: Máquinas de ensaio de tração a) Máquina de ensaio Instron 33R4464. b) Zwick /Z.2.5 **Máquina** de ensaioFi

3.2 Vantagens e desvantagens

Como mencionado anteriormente, esta investigação centra-se em métodos estáticos e dinâmicos para melhorar a previsão do desempenho a longo prazo de uma fita PSA. Este estudo efectuará ensaios utilizando estes métodos para desenvolver um desempenho a longo prazo utilizando o método de cisalhamento dinâmico em substituição do método de cisalhamento estático se, em última análise, puder conduzir a valores de projeto semelhantes para ambos os métodos. A abordagem do desempenho a longo prazo basear-se-á na melhoria dos métodos de ensaio de cisalhamento dinâmico e estático, de modo a que os valores de projeto obtidos a partir de ambos os ensaios sejam equivalentes. Isto fará do método de cisalhamento dinâmico uma técnica industrial poderosa para prever o desempenho de transporte a longo prazo da fita PSA. O ensaio de cisalhamento estático é mais realista para aplicações da vida real e é fácil de configurar. Mas, por outro lado, existem vários inconvenientes no cisalhamento estático. Mesmo com um corte e uma preparação precisos da amostra, os resultados são frequentemente muito variáveis, porque a amostra pode envolver mecanismos de fratura aleatórios que podem provocar grandes desvios nos resultados. Além disso, a duração dos ensaios de cisalhamento pode levar a problemas relacionados com o desenvolvimento de produtos e o controlo da qualidade da produção [8].

O teste de cisalhamento dinâmico é uma forma mais rápida de dominar a caraterização coesiva da fita PSA, também conduz a resultados mais precisos num curto espaço de tempo e também fornece mais informações sobre o perfil reológico do material testado. Mas o cisalhamento dinâmico não tem sido utilizado como método para determinar o tempo de falha a longo prazo. A Tabela 3.1 mostra as vantagens e desvantagens de ambos os métodos.

Tabela 3.1: Vantagens e desvantagens dos métodos de corte estático e dinâmico

	Vantagens	Desvantagens
Estático Cisalhamento	• Mais realista para as aplicações da vida real • Pode ser efectuado em diferentes condições	• Variação significativa dos resultados • Não é prático efetuar ensaios a longo prazo
Cisalhamento dinâmico	• Método de teste mais rápido • Resultados mais exactos	• Menos realista para as aplicações da vida real • Necessita de maior clarificação

3.3 Comparação de modelos

Os gráficos representam a relação entre a tensão e o tempo de rotura. Logicamente, ambos os gráficos deveriam conduzir aos mesmos valores de projeto. Por outras palavras, ambos os gráficos deveriam apresentar a mesma correlação, mas, de acordo com experiências anteriores realizadas por Lars Conneberg, os gráficos tinham uma correlação fraca [9]. Embora ambos os métodos tenham sido comparados com o corte da fita PSA na mesma direção e nas mesmas condições, não encontraram qualquer correlação entre os dois métodos.

O objetivo final deste projeto é encontrar uma relação fiável entre os métodos de corte dinâmico e de corte estático, a fim de melhorar a previsão do desempenho de um PSA. A indústria poderá então utilizar os resultados do modelo de ensaio de cisalhamento dinâmico para correlacionar ou representar o desempenho da fita a longo prazo. Isto poderia ser utilizado como informação adicional para apoiar os esforços de marketing junto de potenciais clientes.

Verificou-se que as amostras de cisalhamento estático na direção transversal da máquina tinham um tempo de falha significativamente mais elevado do que a geometria na direção da máquina. Este estudo centra-se nos métodos de ensaio de cisalhamento estático e dinâmico, mas uma vez que as amostras de cisalhamento estático estão a demorar muito tempo e algumas amostras ainda estão penduradas há mais de 6 meses, foi decidido terminar a parte da direção transversal deste estudo.

3.4 Modos de falha

As falhas de ligação adesiva são normalmente divididas em falhas adesivas e coesivas . A falha adesiva é a separação das ligações adesivas da superfície ligada, enquanto a falha coesiva é a rutura das ligações internas do adesivo [10]. A Figura 3.3 apresenta um esquema dos modos de falha.

Se uma amostra de PSA falhar adesivamente, será excluída dos cálculos e considerada não válida, porque uma falha adesiva não mede uma verdadeira propriedade de resistência ao corte.

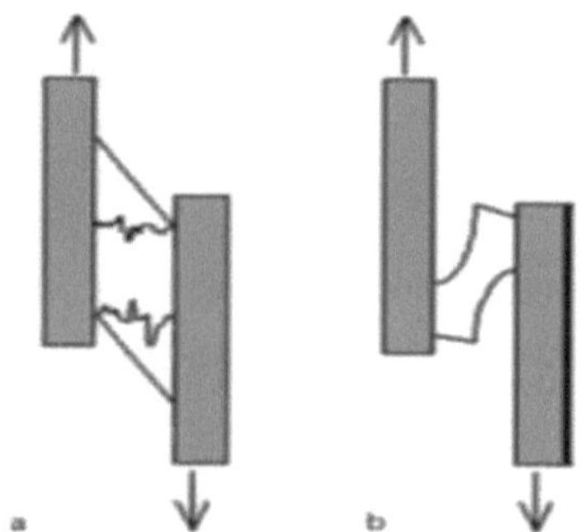

Figura 3.3: Ilustração esquemática dos modos de rotura caraterísticos em experiências de fluência
a) Falha Coesiva. b) Falha Adesiva [10]

Capítulo 4
RESULTADOS E DISCUSSÃO

4.1 Resultados

O ensaio de cisalhamento estático é um ensaio mais realista para a utilização de um PSA na vida real; mas o método em si consome muito tempo e os resultados geralmente não são fiáveis devido a tempos de falha inconsistentes. Por conseguinte, é preferível utilizar o método de ensaio de cisalhamento dinâmico para prever o desempenho a longo prazo de um PSA.

4.1.1 Método de cisalhamento estático

Os ensaios de cisalhamento estático sob baixa tensão, 1,02 kg (38,49 kPa) levam um tempo médio de falha de 107 dias, este é apenas um exemplo de quanto tempo leva um ensaio de cisalhamento estático com baixa tensão de cisalhamento. A Figura 4.1 mostra um resumo dos resultados do ensaio de cisalhamento estático. O gráfico mostra a relação entre o tempo de rotura em segundos e a tensão de corte constante em kPa. A tensão de cisalhamento é o peso total adicionado à amostra de PSA (carga suspensa + peso da placa de cisalhamento) sobre a área de PSA. Cada conjunto de tensões é uma combinação de 5 réplicas para mostrar a consistência dos resultados. Os pontos de diamante vermelhos representam o tempo médio de falha do registo (s) e a tensão de corte constante (kPa). Os pontos médios mostram uma linha de tendência para uma função de regressão de potência com $R^2 = 0,987$, o que indica que o modelo tem um bom ajuste.

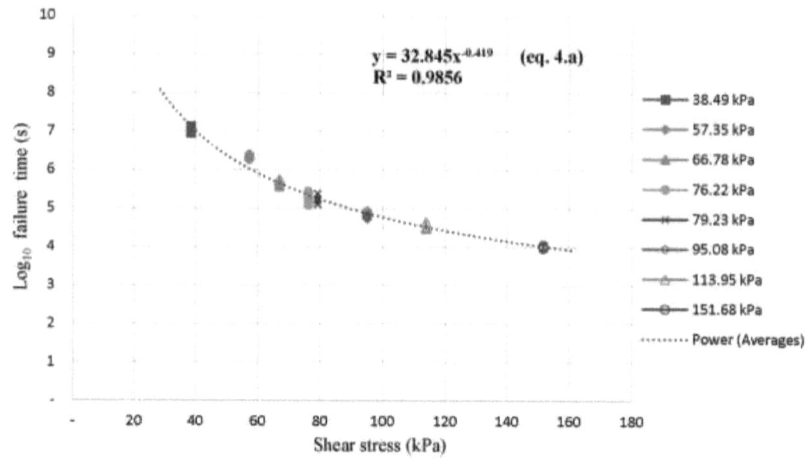

Figura 4.1: Resultados do ensaio de cisalhamento estático de várias tensões constantes

Para ver os dados experimentais de corte estático em pormenor, consulte o Quadro B.2 no Apêndice B.

4.1.2 Método do corte dinâmico

O ensaio de cisalhamento dinâmico tem a vantagem de ser menos demorado e de os resultados serem mais exactos. O ensaio é efectuado utilizando uma máquina de tração que fornece várias propriedades mecânicas do PSA, fases de deformação desde o corte inicial até à rutura, diagrama tensão-deformação do PSA, tempo de falha e tempo no pico de tensão. A Figura 4.2 ilustra um diagrama típico de tensão-deformação de um PSA. O ensaio é efectuado a uma velocidade de ensaio constante. A amostra de PSA resiste continuamente à tensão de cisalhamento e a tensão de cisalhamento máxima é registada. O ponto "a" da Figura 4.2 mostra o pico de tensão de uma amostra. A amostra deforma-se continuamente até à rutura, e o ponto de rutura indica a tensão máxima que uma amostra de PSA pode atingir. O ponto de rutura "b" é apresentado na Figura 4.2.

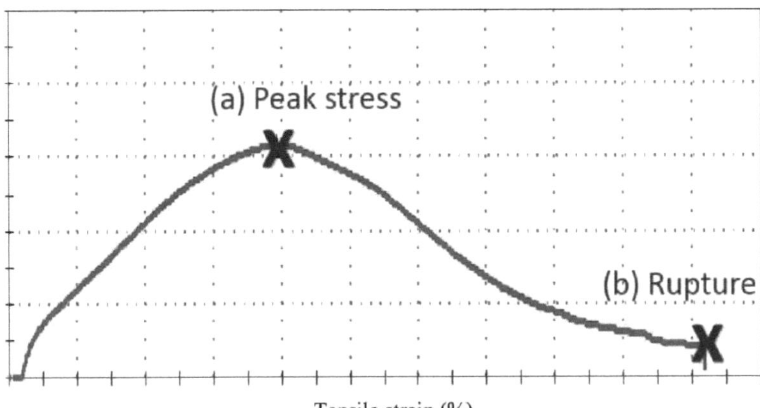

Figura 4.2: Diagrama típico de tensão-deformação de um material viscoelástico

A velocidade de cisalhamento mais baixa testada é de 0,0008 mm/min. O ponto de rutura teórico é quando a amostra percorre todo o comprimento da amostra PSA (20 mm). Tempo de rotura $= \frac{Distance}{Speed} = \frac{20\, mm}{0.0008\, mm/min} = 25{,}000\,\text{min} \approx 17\ \text{days}$. Ver a Figura B.3 para rever o diagrama tensão-deformação do PSA de espuma acrílica à velocidade de ensaio de 0,0008 mm/min. O objetivo de realizar um cisalhamento dinâmico a uma velocidade de cisalhamento lenta é verificar se a curva segue a tendência dos dados. Para trabalhos futuros, não serão utilizadas velocidades de corte lentas no ensaio de corte dinâmico, porque é um desperdício de tempo e energia.

Os testes de cisalhamento dinâmico foram implementados usando o modelo Instron no. 33R4464. A capacidade de ensaio do Instron em velocidades de cisalhamento lentas é limitada, pelo que algumas amostras foram ensaiadas com o Zwick / Z 2.5, que tem a capacidade de executar velocidades lentas.

O diagrama tensão-deformação de várias velocidades de ensaio é apresentado na Figura 4.3. Este diagrama mostra o comportamento de um PSA quando a tensão aumenta. A tensão de pico é a tensão máxima que o espécime pode suportar antes de se romper. Após o ponto de tensão de pico, o espécime tem uma força muito pequena para enfrentar mais tensões. Depois disso, a tensão diminui e a amostra continua a deformar-se até à rutura. O tempo é registado no ponto de tensão máxima e no ponto de rutura. Na Tabela B.1 do Apêndice B são apresentados mais dados experimentais a várias velocidades de ensaio.

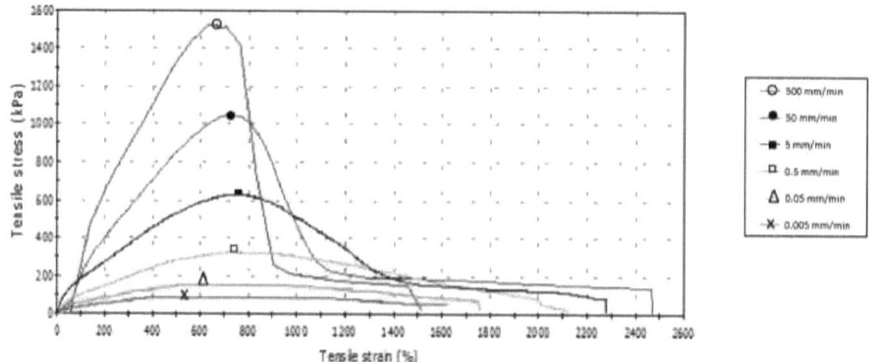

Figura 4.3 Diagrama tensão-deformação do PSA de espuma acrílica em MD a várias velocidades de corte

velocidades de cisalhamento usando o modelo Instron nº 33R4464

A partir do diagrama tensão-deformação a várias velocidades de ensaio, podem ser obtidos dois modelos matemáticos para comparar com o modelo de cisalhamento estático. Os modelos são os seguintes:

4.1.2.1 Modelo de cisalhamento dinâmico usando tensão de pico e tempo de rutura

Este modelo assume que a falha do espécime ocorre quando as amostras de PSA se partem. Este pressuposto também pode ser classificado como tempo de rotura teórico e tempo de rotura real. O tempo de rotura teórico é o momento em que o comprimento de sobreposição é totalmente percorrido, o que pode ser calculado utilizando a equação de velocidade simples, tempo (s) $= \frac{\text{distance (mm)}}{\text{speed (mm/min)}}$. Enquanto que o tempo de rotura real

é o momento em que a amostra se parte, o que pode envolver algum alongamento.

A diferença entre modelos teóricos e modelos actuais é o tempo necessário para o espécime até à rutura. Modelo modelo teoricamente termina quando o

o comprimento da sobreposição é percorrido, enquanto que no ensaio real, o espécime de PSA alonga-se até à rutura.

A Figura 4.4 a. e b. representam a tensão de pico média versus o tempo de rutura real médio e a tensão de pico média versus o tempo de rutura teórico médio, respetivamente.

Os pontos de referência médios mostram uma linha de tendência para uma função de regressão de potência com $R^2 = 0,79$ e 0,80 para o modelo real e o modelo teórico, respetivamente, o que indica que o modelo tem um ajuste aceitável.

Os modelos têm uma dispersão de pontos semelhante, com pequenas diferenças nas equações matemáticas. Os modelos serão comparados com o modelo de cisalhamento estático para medir as diferenças nos valores de projeto. Para rever todos os dados experimentais, ver a Figura B.1 e a Figura B.2 no Apêndice B.

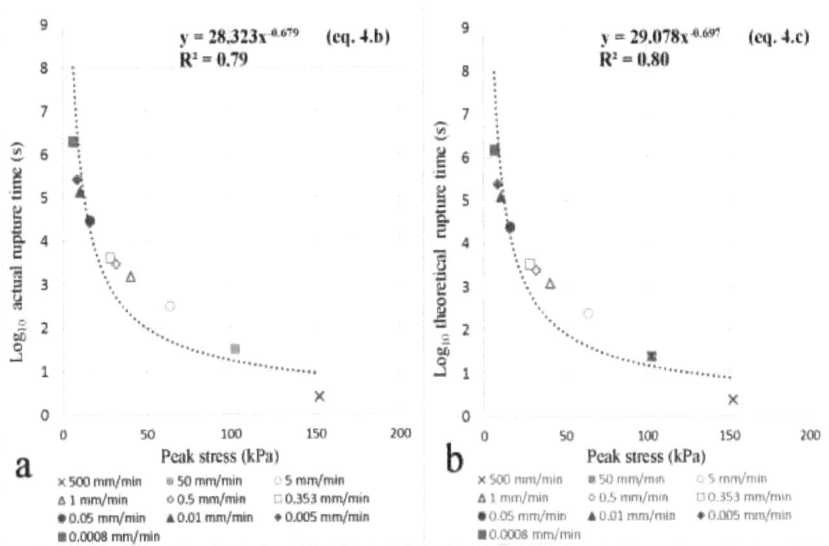

Figura 4.4 Modelos de cisalhamento dinâmico no ponto de rutura. a) Ponto de rutura real b)

Ponto de rotura teórico

4.1.2.2 Modelo de corte dinâmico utilizando a tensão de pico e o tempo na tensão de pico

Este modelo considera a rotura do provete numa fase anterior à rutura. Este pressuposto é mais seguro para construir valores de projeto, uma vez que o tempo de rotura aqui é o momento em que a força máxima de um PSA é atingida. Verificou-se que o intervalo de distância em que a tensão máxima é atingida é de 6,5 a 10,5 mm. Tenha em atenção que o comprimento do provete é de 20 mm, pelo que a tensão máxima é atingida entre 32,5 e 52,5% do comprimento original do provete.

Consequentemente, espera-se que o tempo de rotura seja 32,5 a 52,5 % inferior ao tempo de rotura teórico.

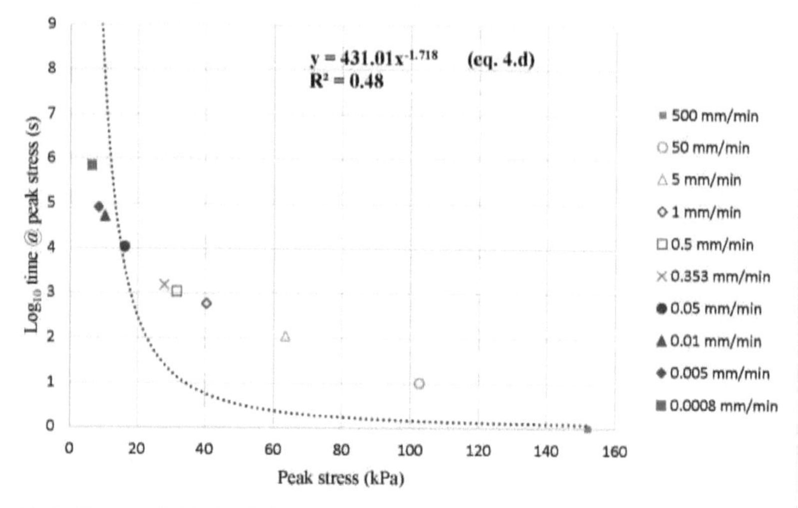

Figura 4.5 Modelo de cisalhamento dinâmico na tensão de pico

A Figura 4.5 mostra a tensão média de pico versus o tempo médio de registo na tensão de pico. Os pontos de referência médios mostram uma linha de tendência para uma função de regressão de potência com $R^2 = 0,48$. Os pontos não se ajustam bem à curva, pelo que a confiança no modelo não é fiável. A série completa de dados é apresentada no Quadro B.1 do Apêndice B.

A obtenção de valores de tensão a várias velocidades de ensaio com uma gama enorme de 500 a 0,0008 mm/min pode conduzir a esses resultados. Uma vez que a amostra de PSA é um material viscoelástico, ou seja, as suas caraterísticas mecânicas dependem da temperatura e do tempo. A temperatura é constante para todas as amostras testadas, pelo que o foco é a função do tempo na viscosidade e o efeito da viscosidade na tensão de cisalhamento.

A baixas taxas de cisalhamento, existe um intervalo chamado viscosidade de taxa de cisalhamento zero. Este é um intervalo onde a viscosidade não depende da taxa de cisalhamento. Em taxas de cisalhamento mais elevadas, a viscosidade tem uma função linear ou não linear na taxa de cisalhamento [11]. Este facto também pode ser apoiado por Phan-Thien, "para a maioria dos fluidos com microestrutura de cadeia longa, a viscosidade é uma função decrescente da taxa de cisalhamento, por vezes atingindo a viscosidade da taxa de cisalhamento zero. Este tipo de comportamento é designado por "shear thinning". [12].

A viscosidade aparente n é a tensão de cisalhamento T dividida pela taxa de cisalhamento Y, tem unidades de Pa . s = 1.000 cp.

$$\eta = \frac{\tau}{\dot{\gamma}} \quad \text{(eq. 4.1)}$$

A tensão de corte T é a força máxima registada dividida pela área da secção transversal.

$$\tau = \frac{F}{A} \quad \text{(eq. 4.2)}$$

Onde:

t: é a tensão de cisalhamento máxima (kPa)

F: força máxima (kN)

A: área da secção transversal (m^2)

A taxa de cisalhamento é a taxa de um espécime de PSA mantido entre duas placas planas paralelas, uma das quais se move em relação à outra placa a uma velocidade constante. Por outras palavras, é a velocidade de tração dividida pela distância entre as placas.

$$\dot{\gamma} = \frac{v}{h} \quad \text{(eq. 4.3)}$$

Onde:

$\dot{\gamma}$: taxa de cisalhamento (s^{-1})

Velocidade de tração (mm/min)

h: distância entre placas ou espessura do provete de PSA (mm)

Para visualizar o comportamento do PSA testado, a tensão de cisalhamento é traçada em função da taxa de cisalhamento para verificar o efeito da taxa de cisalhamento na viscoelasticidade. A viscosidade aparente é o declive de uma linha de tendência, que é a tensão de cisalhamento dividida pela taxa de cisalhamento. A Figura 4.6 ilustra o comportamento da viscosidade da amostra de PSA sob várias taxas de cisalhamento. Os cálculos da taxa de cisalhamento e da viscosidade podem ser encontrados no Apêndice C.

Como se pode observar na Figura 4.6, existem dois declives lineares detectados com base nos pontos de dados, a linha de tendência de traço curto abrange os pontos de aglomeração no eixo esquerdo, que são ensaios com taxas de cisalhamento lentas. Enquanto que a linha de tendência de ponto longo representa os ensaios com taxas de cisalhamento elevadas. A viscosidade dos dados no ensaio de baixa taxa de cisalhamento é de 34,10 MPa.s, o que é significativamente mais elevado do que a viscosidade das amostras de PSA ensaiadas a alta taxa de cisalhamento, a viscosidade a alta taxa de cisalhamento é de 0,08 MPa.s. O declive fornece os valores de viscosidade aparente.

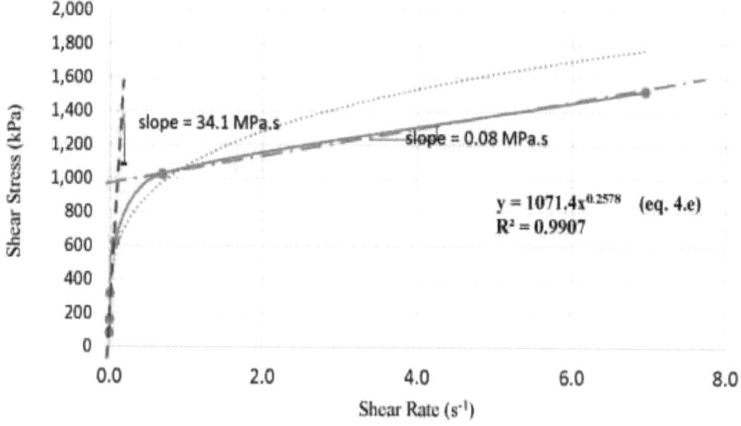

Figura 4.6 Resposta de um PSA com tensão de cisalhamento em função da taxa de cisalhamento

A relação entre a tensão de cisalhamento e a taxa de cisalhamento é não linear, o que classifica a amostra de PSA como um fluido não newtoniano. A equação de fluido da lei de potência é uma equação generalizada para determinar a tensão de cisalhamento (τ) devido à viscosidade [13].

$$\tau = K\left(\frac{\partial u}{\partial y}\right)^n \qquad \text{(eq. 4.4)}$$

Onde:

K: é o índice de consistência n: é o índice de comportamento do fluxo

$\frac{\partial u}{\partial y}$: é a taxa de cisalhamento

Na Equação 4.4, K e n são parâmetros empíricos de ajuste da curva. Com base na equação de fluidos da lei de potência, os fluidos podem ser classificados em três tipos com base no valor de n [13].

Para $n < 1$, o fluido apresenta um comportamento pseudoplástico.

$n = 1$, o fluido apresenta um comportamento newtoniano

$n > 1$, o fluido apresenta um comportamento dilatante

Utilizando a Equação 4.4 ajustada aos dados da Figura 4.6, a curva mostra um valor de K de 1071,4 kPa.s e o valor de n é inferior a um, $n = 0{,}2578$, o que apoia o facto de a viscosidade ser uma função decrescente da taxa de cisalhamento e, por isso, se comportar como um fluido pseudoplástico.

Dito isto, é necessário distinguir entre ensaios de baixa taxa de cisalhamento e de alta taxa de cisalhamento para obter um modelo de projeto razoável para o método de ensaio de cisalhamento dinâmico. As taxas de cisalhamento elevadas apresentadas na Figura 4.6 são os dois pontos situados na linha de tendência de ponto longo, que expressam taxas de cisalhamento dinâmicas de 1.026,2 s^{-1} e 1.522,1 s^{-1}. Os valores de tensão obtidos a partir destas duas taxas de cisalhamento devem ser excluídos dos modelos de projeto do método de cisalhamento dinâmico, faz sentido excluir estes pontos do modelo de projeto pelo facto de estas velocidades não serem realistas para aplicações reais da utilização de um PSA.

Voltando às páginas 17 e 19, existem dois modelos de cisalhamento dinâmico na Figura 4.4 e na Figura 4.5 que incluem todos os ensaios de taxa de cisalhamento. A Figura 4.7 e a Figura 4.8 mostram os modelos de cisalhamento dinâmico no ponto de rutura e na tensão de pico, respetivamente, excluindo as tensões a taxas de cisalhamento elevadas. Foram adicionados mais ensaios a várias taxas de cisalhamento aos modelos para modificar as curvas e obter um melhor ajuste. Os modelos modificados de cisalhamento dinâmico no tempo de rutura real e no tempo de rutura teórico são apresentados na Figura 4.7 a. e b., respetivamente. A Figura 4.8 mostra o modelo de cisalhamento dinâmico modificado com o tempo no pico de tensão.

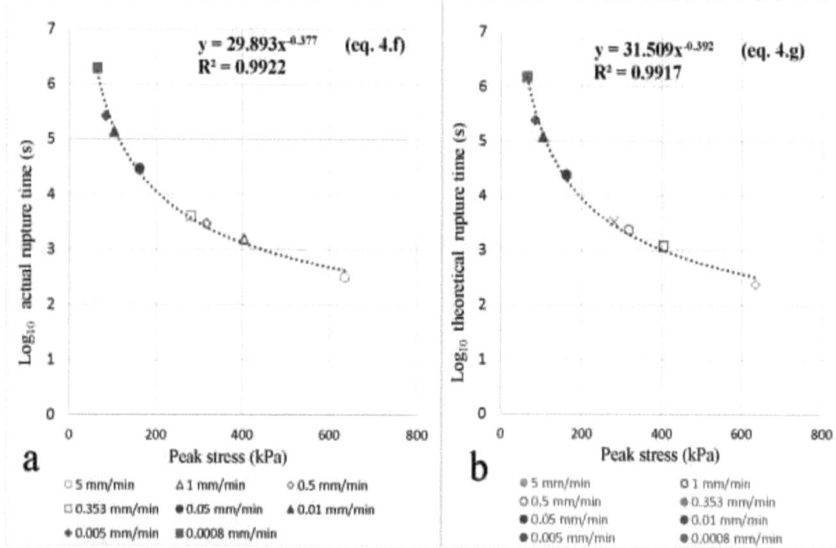

Figura 4.7 Modelos de cisalhamento dinâmico no ponto de rutura, excluindo medições de alta taxa de cisalhamento a) Ponto de rotura real b) Ponto de rotura teórico

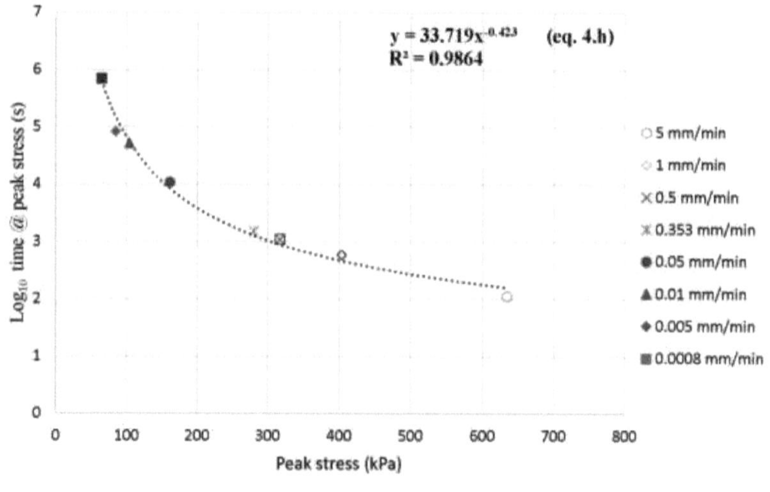

Figura 4.8 Modelo de cisalhamento dinâmico na tensão de pico, excluindo medições

de alta taxa de cisalhamento Figura 14Figura 4.8: Modelo dinâmico de cisalhamento na tensão de pico, excluindo medições de alta taxa de cisalhamento

De um modo geral, todas as curvas se ajustam melhor após a exclusão de valores elevados da taxa de cisalhamento. O R^2 melhorou significativamente nas Figuras 4.7 e 4.8, e os modelos matemáticos são mais exactos e confiáveis. Estes modelos de cisalhamento dinâmico podem ser comparados com o modelo de cisalhamento estático para verificar a compatibilidade.

4.2Comparação

O modelo de projeto de cisalhamento estático será comparado com os dois modelos de cisalhamento dinâmico. As equações obtidas a partir de cada método de ensaio serão utilizadas para estimar os valores de projeto a longo prazo. Os valores de projeto de cada período de tempo estimados utilizando modelos de projeto serão comparados entre si.

Em primeiro lugar, será efectuada uma comparação individual entre cada modelo de cisalhamento dinâmico e o modelo de cisalhamento estático. De seguida, todos os modelos serão comparados no mesmo gráfico para uma comparação global.

4.8.1 Modelo de cisalhamento estático versus modelo de cisalhamento dinâmico - Tempo de rutura real

A Figura 4.9 mostra a comparação do modelo de cisalhamento estático e do modelo de cisalhamento dinâmico no tempo de rutura real. Os valores de projeto são comparados utilizando a Equação 4.a da Figura 4.1 para o modelo de cisalhamento estático versus a Equação 4.f da Figura 4.10 para o modelo de cisalhamento dinâmico no tempo de rutura real. A Figura 4.9 mostra um gráfico que compara os valores de tensão de projeto do ano 1 ao ano 25. O Capítulo 5 apresenta mais explicações sobre como utilizar os valores de projeto.

O valor de cálculo do cisalhamento estático no ano 1 é (34,0 kPa) 15% inferior ao valor de cálculo do cisalhamento dinâmico no modelo de tempo de rutura real (39,2 kPa). A diferença diminui para 10% no ano 25 (22,1 kPa e 24,3 kPa, respetivamente).

Os valores percentuais são utilizados para medir a diferença entre os modelos de cisalhamento dinâmico e o modelo de cisalhamento estático durante um período de tempo.

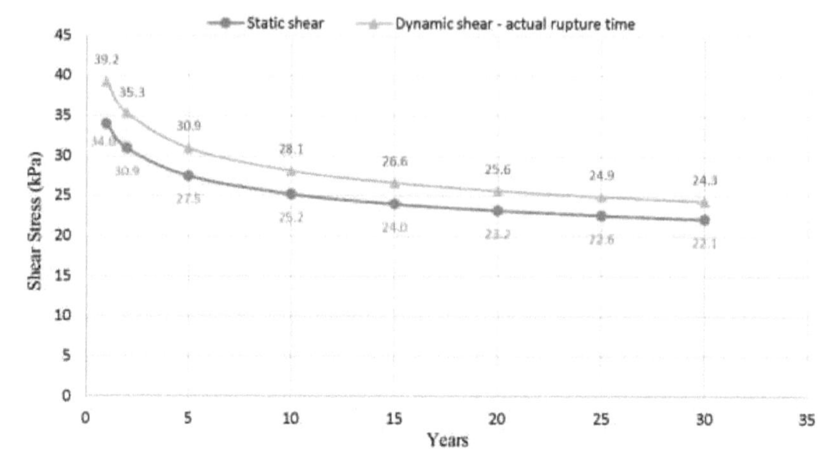

Figura 4.9 Comparação dos valores de projeto do cisalhamento estático com o cisalhamento dinâmico
Tempo de rotura real

4.2.2 Modelo de cisalhamento estático versus modelo de cisalhamento dinâmico - Tempo de rutura teórico

A Figura 4.10 mostra a comparação entre o modelo de cisalhamento estático e o modelo de cisalhamento dinâmico no tempo de rutura teórico. Este modelo pode ser benéfico pelo facto de não ser necessário concluir o ensaio até à rutura, o que pode poupar cerca de 50% do tempo real de ensaio.

O valor de cálculo do cisalhamento estático no ano 1 é 15% inferior ao valor de cálculo do cisalhamento dinâmico no tempo de rutura teórico (34,0 kPa e 38,9 kPa, respetivamente). A diferença diminui para 11% no ano 25 (22,1 kPa e 24,6 kPa, respetivamente). Os valores de projeto obtidos pelo método de corte dinâmico no tempo de rutura real e teórico são muito comparativos devido à concordância dos seus valores percentuais diferentes em função do tempo, e podem ser utilizados indistintamente.

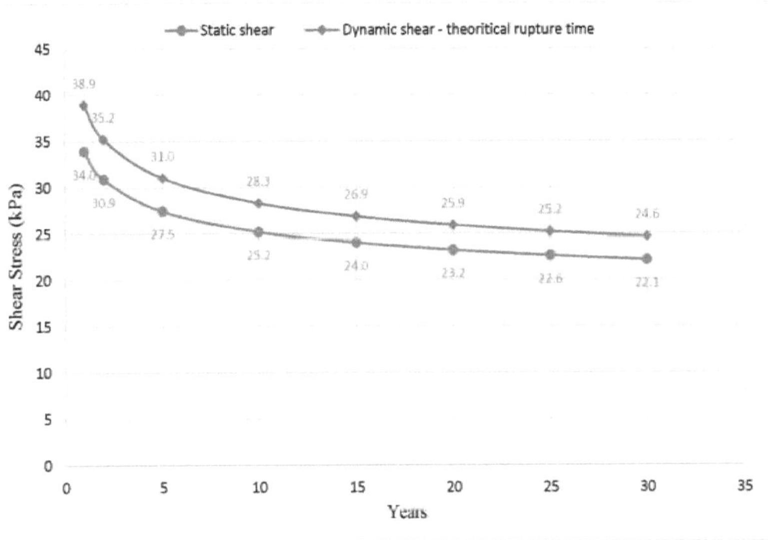

Figura 4.10 Comparação dos valores de projeto do cisalhamento estático com o cisalhamento dinâmico

Tempo de rotura teórico

4.2.3 Modelo de cisalhamento estático versus modelo de cisalhamento dinâmico - Tempo no pico de tensão

A Figura 4.11 mostra a comparação do modelo de cisalhamento estático e do modelo de cisalhamento dinâmico - tempo na tensão de pico. O valor de projeto do cisalhamento estático no ano 1 é apenas 3% inferior ao valor de projeto do cisalhamento dinâmico - tempo na tensão de pico (34,0 kPa e 35,0 kPa, respetivamente). A diferença mantém-se constante em 3% até ao ano 25 (22,1 kPa e 22,8 kPa). Esta comparação não só apresenta valores de projeto mais próximos entre os dois métodos, como também apresenta uma diferença consistente durante um longo período de tempo. Este é o único modelo explorado que mostra esta consistência.

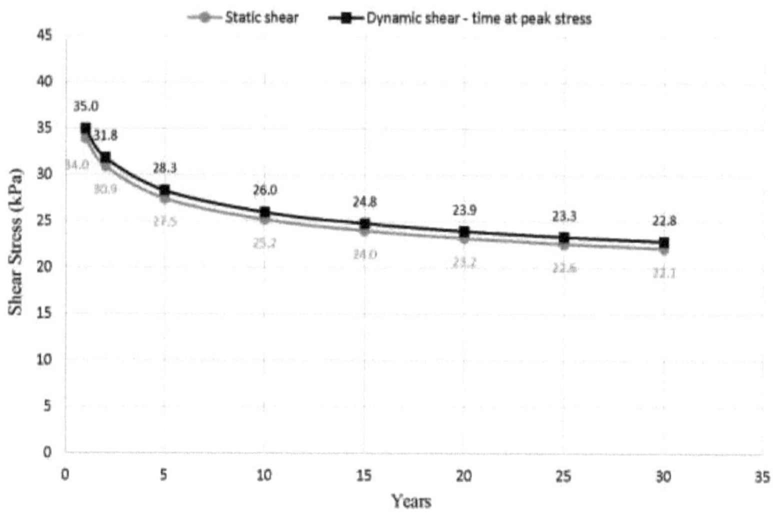

Figura 4.11 Comparação dos valores de projeto do cisalhamento estático com o cisalhamento dinâmico - Tempo na tensão de pico

A comparação global dos modelos de corte estático e dos dois modelos de corte dinâmico é apresentada na Figura 4.12. Esta resume o que foi concluído anteriormente:

- Os modelos de cisalhamento dinâmico em tempo de rutura teóricos e reais são semelhantes e podem ser usados indistintamente.
- O método de cisalhamento dinâmico com tempo no modelo de tensão de pico mostra valores de projeto relativamente próximos do modelo de cisalhamento estático. A diferença é de apenas 3% e é consistente durante um longo período de tempo.

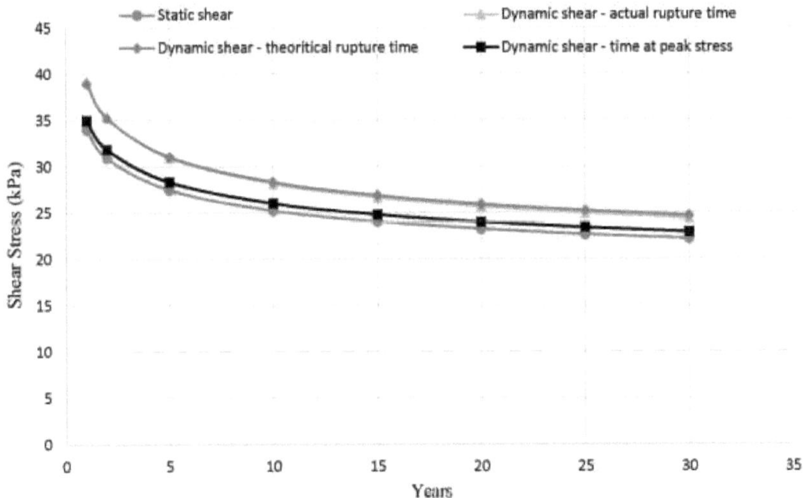

Figura 4.12 Comparação geral dos valores de projeto do modelo de corte estático versus modelos de corte dinâmicos

Comparação dos valores de projeto do modelo de cisalhamento estático com os dos modelos de cisalhamento dinâmico

4.3 Falha dos espécimes

Os modos de falha dos espécimes de PSA foram semelhantes para ambos os métodos de teste. Todos os espécimes apresentaram falha coesiva. A falha coesiva ocorre quando o espécime de PSA se parte entre as duas placas de ensaio, conforme ilustrado na Figura 3.3.

A Figura 4.13 e a Figura 4.14 mostram os modos de falha das amostras de cisalhamento dinâmico e cisalhamento estático, respetivamente. Todas as amostras mostraram falha coesiva, a amostra de PSA deixou uma camada preta de adesivo em ambas as placas de teste depois de se separarem.

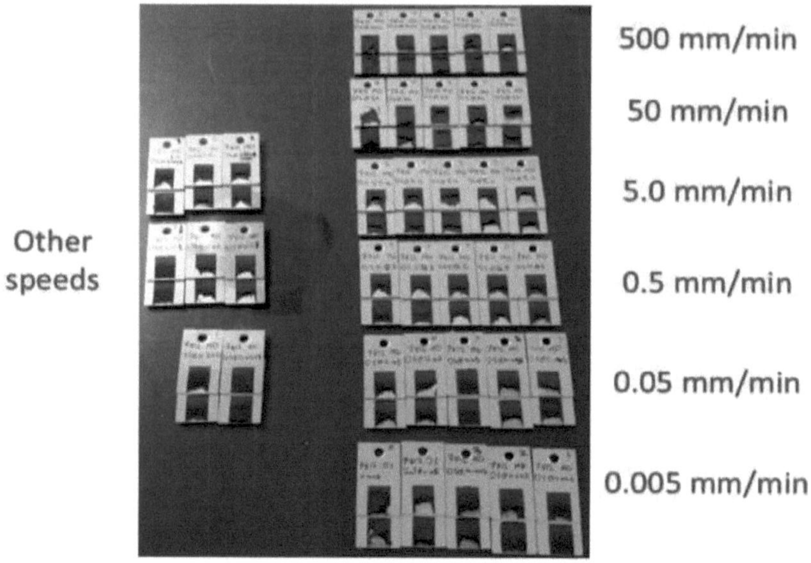

500 mm/min
50 mm/min
5.0 mm/min
0.5 mm/min
0.05 mm/min
0.005 mm/min
Other speeds

Figura 4.13: Modo de rotura de espécimes de cisalhamento dinâmico a várias velocidades de ensaio

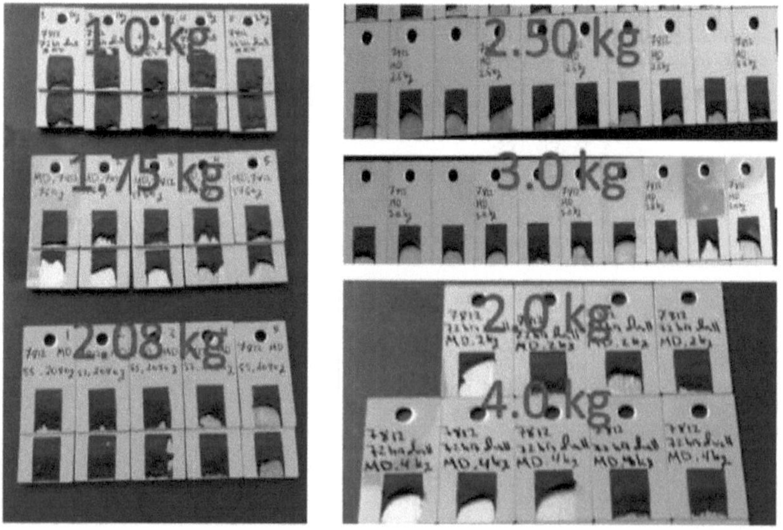

Figura 4.14: Modo de rotura dos provetes de corte estático a várias velocidades de ensaio

Capítulo 5
ANÁLISE DE DADOS

5.1 Validação dos resultados dos ensaios do método de cisalhamento estático

Do ponto de vista estatístico, até que ponto são fiáveis os tempos de rotura do método de cisalhamento estático, especialmente com tempos de rotura elevados e variáveis? Por exemplo, tomando os tempos de rotura de 38,49 kPa das amostras replicadas, algumas amostras falharam alguns dias antes das outras, pelo que, para questionar ou não a fiabilidade dos resultados, será utilizada a ferramenta estatística do coeficiente de variância para fazer o julgamento.

O coeficiente de variação (CV) mede a distribuição dos pontos de dados numa série de dados em torno da média. O CV permite a comparação de variantes livres de efeitos de escala, o que é o caso dos resultados do ensaio de cisalhamento estático que abrangeu tempos de falha de algumas horas a alguns meses [14].

O CV é o rácio entre o desvio padrão e a média. As distribuições com um rácio CV inferior a 1 são aceitáveis, ao passo que as distribuições com um rácio CV superior a 1 são consideradas de variância elevada [14]. A Tabela 4.1 mostra o desvio padrão, a média e o CV das séries de dados de cisalhamento estático testadas. O CV foi calculado utilizando a Eq. C.1 do Apêndice C.

Tabela 5.1: Valores CV dos resultados do ensaio de cisalhamento estático

Tensão (kPa)	Tempo médio de falha (s)	Desvio padrão	CV
38.49	9.22E+06	6.28E+05	0.07
57.35	2.04E+06	2.87E+05	0.14
66.78	4.85E+05	7.81E+04	0.16
76.22	1.77E+05	5.90E+04	0.33
79.23	1.68E+05	4.60E+04	0.27
95.08	6.65E+04	1.19E+04	0.18
113.95	3.46E+04	6.84E+03	0.20
151.68	1.01E+04	7.72E+02	0.08

Todos os valores de CV são inferiores a 1, pelo que todas as séries de dados têm uma variância baixa. Isto significa que os resultados do ensaio de cisalhamento estático são fiáveis e válidos para utilização num modelo matemático.

Esta investigação fornece resultados experimentais sólidos, análises e comparações do método de ensaio utilizado para testar PSA's de resistência ao cisalhamento. A continuação das investigações sobre os tópicos de trabalho futuro apresentados pode expandir as aplicações para as quais um PSA de espuma acrílica é utilizado.

5.2 Trabalho futuro

Com base nos resultados positivos obtidos com este trabalho, eis uma lista de algumas ideias para investigação adicional que deve ser analisada:

- O primeiro ponto da lista é acabar de testar as amostras de direção cruzada da máquina para ver a relação entre MD e CD.
- Verificar se a correlação entre os modelos é verdadeira para outros PSA de espuma acrílica. Recomenda-se também testar a mesma fita PSA com espessuras diferentes.
- Os PSA de espuma acrílica são os produtos mais comuns utilizados em aplicações estruturais, mas seria útil investigar outros materiais, como as fitas de película e as fitas com núcleo de polietileno.
- O fator de segurança também requer muitas investigações porque também depende mais das propriedades do adesivo do que das propriedades do suporte. Existem algumas especificações técnicas normalizadas para adicionar os factores de segurança adequados, por exemplo, a ETAG 002 é uma diretriz para sistemas de envidraçamento de vedantes estruturais que também é válida para PSA acrílicos.

RESUMO E CONCLUSÕES

Resumo

O método de ensaio de cisalhamento estático é o ensaio que imita a aplicação na vida real de um PSA sob carga estática, mas esse método não é o método de ensaio mais eficiente e demora muito tempo a fornecer os dados necessários. É por isso que esta investigação se centrou na procura de um método de ensaio alternativo, mais rápido e mais fiável para substituir o ensaio de cisalhamento estático e para ser utilizado como um sistema de previsão industrial para o desempenho a longo prazo de um PSA.

O modelo obtido a partir do método de cisalhamento estático é a relação entre a tensão constante e o tempo de rutura registado, este modelo é o modelo de referência que o método de cisalhamento dinâmico está a abordar. O ensaio de cisalhamento dinâmico é efectuado utilizando uma máquina de tração que desenha o comportamento de deformação do espécime de PSA quando este começa a ser cisalhado até à rutura. O modelo de cisalhamento dinâmico é a relação entre a tensão de pico e o tempo de falha. A definição de falha não é clara aqui, pode ser o momento em que a amostra de PSA se rompe, ou a falha pode ser a tensão máxima que uma amostra de PSA pode suportar. Com base nisso, foram estudados três modelos de cisalhamento dinâmico:

i. Relação entre tensão de pico etempo efetivo de rutura.
ii. Relação entre tensão de pico e otempo teórico de rutura.
iii. Relação entre tensão de pico etempo no pico de tensão.

Ensaios em diferentes gamas de taxas de cisalhamentopode levar a resultados fracos e não fiáveis

É muito importante distinguir entre taxa de cisalhamento "alta" e taxa de cisalhamento "lenta". Não existe realmente uma linha entre o que é alto e o que é baixo, mas desenhar a relação entre a tensão de cisalhamento e a taxa de cisalhamento pode mostrar a imagem completa da resposta da viscosidade quando a taxa de cisalhamento muda. Este estudo centrou-se em ensaios com taxas de cisalhamento baixas, porque é o reflexo da utilização do PSA na vida real.

Os dois primeiros modelos apresentam diferenças imperceptíveis quando comparados entre si. Por outro lado, comparando os valores de projeto destes modelos com o

modelo de referência (modelo de cisalhamento estático), os modelos de cisalhamento dinâmico são 10-15% mais elevados do que o modelo de cisalhamento estático.
O modelo de cisalhamento dinâmico a partir do ponto de pico (tensão de pico e tempo na tensão de pico) mostrou uma valores de projeto mais próximos de projeto do do modelo de cisalhamento estático. A diferença diminuiu significativamente para 3%. Estimativa do desempenho a longo prazo de de um PSA de espuma acrílica pode pode ser efectuada utilizando modelo de cisalhamento dinâmico de pico de tensão e tempo no pico de tensão. Apresenta resultados altamente fiáveis, diferenças teóricas consistentes diferenças teóricas consistentes durante períodos 1 a 25 anos, e a construção de um novo modelo para outros PSA de espuma acrílica demorará apenas alguns dias em vez de alguns meses utilizando um método de cisalhamento estático.

REFERÊNCIAS

Satas, D., "Chapter 1: Pressure-Sensitive Adhesive Products in the United States," **Handbook of Pressure-Sensitive Adhesive Technology**, Van Nostrand Reinhold Company Inc., New York (1982) pp. 1-25.

Benedek, I., "Chapter 2: Rheology of Pressure-Sensitive Adhesives," **Pressure Sensitive Adhesives and Applications 2nd Edition**, Marcel Dekker, Inc., New York (2004) pp. 5-28.

Nagel, C., "A Candid Look at Tape Backings," última atualização a 20 de março de 2013,

<http://www.tesatape.com/featured/technologyjoumal>, acedido em 23 de outubro de 2014.

Mazzeo, F., "**Caracterização de adesivos sensíveis à pressão por Rheology**" TA Instruments report RH082 (2002): 1-8.

Satas, D., "Dynamic Mechanical Analysis and Adhesive Performance" **Handbook of Pressure Sensitive Adhesive Technology, 3rd edition** " Satas, D., ed., Satas & Assoc., Warwick, RI (1999) pp. 171-203.

Yao, L. e Braiewa, R., "**Consistência de Experiências Reológicas para caraterização de PSA**" Proc. do Seminário Técnico PSTC (2006)

Chang, E., "**Viscoelastic Viscoelástica de Janelas Sensíveis à Pressão**

Adhesives," The Journal of Adhesion, Vol. 34, Issue 1-4 (1991), pp. 189 200.

Kilian, L., Lewis, M.Charles, **A New Approach to Measuring PSA Cohesive Strength Using a Texture Analyzer,** Ashland Inc., Dublin, OH (2011), p. 2.

Sonnenberg, Lars, engenheiro de projeto estrutural de laboratório, comunicação pessoal sobre a sua investigação acerca do desempenho a longo prazo das fitas de espuma acrílica, tesa tape Inc., Alemanha, 2 de outubro de 2014.

Geiss, P., "Chapter 34: Creep Load Conditions," **Handbook of Adhesion**

Technology, Silva, L., Ochsner, A., and Adams, R., SpringerVerlag Berlin Heidelberg (2011) pp. 876-900.

Benedek, I., "Chapter 2: Rheology of Pressure-Sensitive Adhesives," **Pressure Sensitive Adhesives and Applications, Second Edition**, Marcel Dekker, Inc., New York (2004) pp. 37-50.

Rao, M., "Chapter 2: Flow and Functional Models for Rheological Properties of Fluid Foods," **Rheology of Fluid, Semisolid, and Solid Foods: Principles and applications, Third Edition,** Gale virtual reference library, New York (2014) p. 29.

Gargallo, L., and Radic, D., **Physicochemical Behavior and Supramolecular Organization of Polymers,** Springer Science & Business Media, Netherland (2009), p.51.

Brown, C., "Capítulo 13: Coeficiente de Variações", **Applied Multivariate Statistics in Geohydrology and Related Sciences,** Berlim; Nova Iorque: Springer (1998) pp. 155-177.

Kremer, T., **"Useful Design Criteria for Acrylic Foam Tapes in Demanding Industrial Applications" (Critérios de conceção úteis para fitas de espuma acrílica em aplicações industriais exigentes)** PSTC Tech 28 (2005) pp.6-10.

APÊNDICES

A. Especificações normalizadas utilizadas

A.1 Métodos de ensaio de cisalhamento estático e dinâmico (J0PM0164-E

tesa	Test Method	Ident. no.: J0PM0164-E Version: 002 Valid since: March 2012
Shear Test Plate-Plate, static/dynamic		Page 1 of 5

Printout - the online document takes precedence!

Índice

1. Objetivo e âmbito dos testes

Para fitas AXCplus a.o. DS. Em contraste com o habitual ensaio de cisalhamento tesa, a fita é fixada entre 2 placas de ensaio.

2. Princípio do método

A fita a ensaiar é fixada entre 2 placas de aço e pressionada durante 1 minuto com 100 N/cm^{2}de área de fita. Após o tempo de permanência especificado (normalmente 3 dias à temperatura ambiente), efectua-se o ensaio estático ou dinâmico.

<u>Ensaio estático</u> A peça de ensaio é carregada com o peso especificado à temperatura especificada. O resultado é o tempo de retenção em minutos até à queda.

<u>Ensaio dinâmico</u>: A peça de teste é colocada num aparelho de teste de tração a 50 mm/min. O resultado é a força máxima medida em N/cm^2.

Assinaturas no documento original alemão:		
Criado: 9110 - Dr. Kahl	Verificado: 9110 - M. Mies	Autorizado: 9110 - M. Mies
Conteúdo idêntico ao do documento original alemão: 9110 - Dr. Kahl		

Impressão - o documento em linha tem precedência!

Pressionar as peças de teste no dispositivo de prensagem.

3. Equipamento e condições de ensaio

* Placas de ensaio de cisalhamento, aço, 2 x 25 x 50 mm, não trituradas, como fortesa shear test JOPME002, RA= 25-75 nm.
* Dispositivo de prensagem com medidor de força.
* Cronómetro
* <u>Teste estático</u>: Manter os contadores de energia numa sala climatizada ou num forno de aquecimento
* <u>Teste dinâmico</u>: Testador de tração, ganchos fortes (4 mm de diâmetro, endurecidos)

Clima de ensaio: 23± 1 °C. 50± 5 % humidade rel.

4. Materiais

Acetona e papel absorvente para limpeza de placas

5. Espécimes de teste

<u>Teste estático</u>: Tiras de 13 mm de largura.
<u>Teste dinâmico</u>: Tiras de 25 mm de largura.

6. Procedimento

Preparar 3 provetes por amostra de fita.

* Limpar intensamente ambas as placas com acetona. Deixar secar durante 1 a 10 minutos.
* Fixar a fita numa placa. Evitar inclusões de ar, cortar de modo a ficar nivelado com o bordo da placa. Não pressionar com os dedos para evitar covinhas na fita.

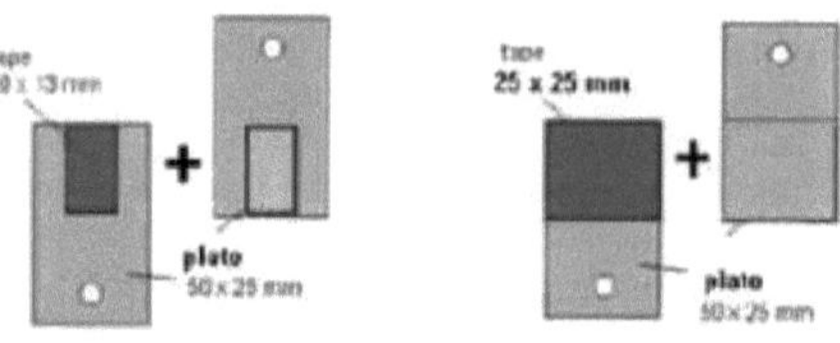

* Fixar 2nd placas para formar o provete

Pcture 1: static dynamic

Salvo indicação em contrário, utilizar os seguintes parâmetros de ensaio normalizados.

Parâmetro	Estático padrão	Padrão dinâmico
Área adesiva	20 x 13 mm	25 x 25 mm
Pressão	0,260 kN (= 100 N/cm²)	0,625 kN (=100 N/cm²)
Tempo de prensagem	1 minuto	
Tempo de espera	3 dias a 23 °C	
Velocidade de ensaio	-	50 mm/min

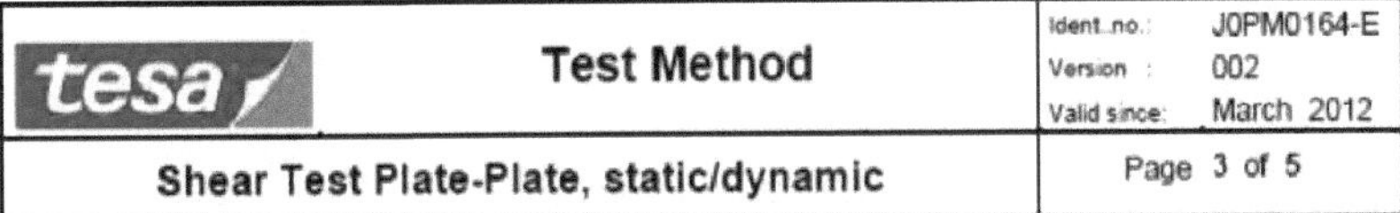

Impressão - o documento em linha tem precedência!

Marcar o lado aberto e o lado coberto, se necessário

Em contraste com o ensaio convencional de tesa-corte, aqui, o lado aberto e o lado coberto de uma fita são testados ao mesmo tempo. Para poder avaliar o modo de falha de cada lado, indique o lado da fita nas placas

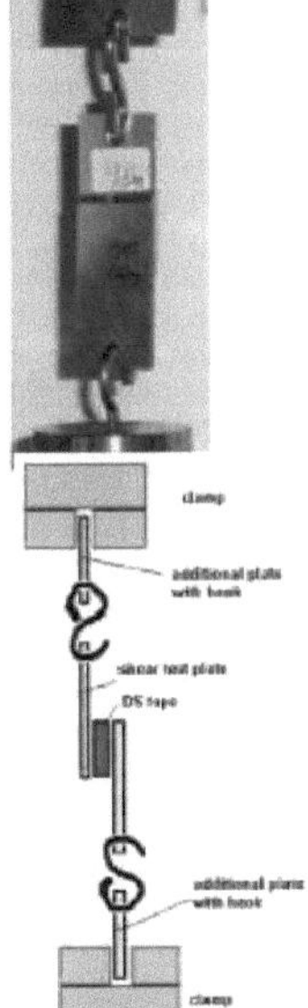

1.1 Teste estático

Não são utilizadas placas adaptadoras para pendurar as peças de peso (ver foto).

O ensaio termina quando for atingido o tempo mínimo de retenção especificado ou quando todos os provetes caírem

Teste no forno

Quando testado num forno, primeiro pendure as peças de teste sozinhas e deixe aquecer durante 15 minutos, depois coloque as peças de peso.

1.2 Ensaio dinâmico

Fixar o provete ao grampo superior do aparelho de ensaio de tração utilizando uma placa adicional e um gancho.

Em seguida, colocar a célula de carga a zero.

Fixar o provete da mesma forma na pinça inferior.

Ligar a máquina. O resultado é a força máxima medida.

7. Cálculo e avaliação

Avaliação do modo de falha

Se necessário (em F & E, a regra), avaliar também o modo de falha.

Por exemplo, falha adesiva de lado aberto, falha coesiva, etc.

7.1 Teste estático

Tempo de espera do teste de rotina

Tomar a mediana de 3 resultados individuais

O ensaio pode ser interrompido após a queda de 2 provetes. O tempo de espera da 2nd é o resultado

Dica para o centro de Hausbruch Se o software QS não puder calcular a mediana, pode utilizar a média De três resultados.

Ensaio das propriedades do produto ou ensaios round robin

O número de provetes por amostra depende das necessidades. Para a avaliação estatística, tomar o logaritmo dos resultados individuais.

Exemplos : 720 Min.= log (720)= 2,857 log Min.
4552 Min.= log(4552)= 3,658 logMin.

Medição da fluência de ensaios abortados

Se necessário (em F & E; a regra): Se o ensaio for interrompido antes de todos os provetes terem caído, medir o deslocamento de corte a. Calcular a média dos resultados individuais.

7.2 Teste dinâmico

Calcular a média aritmética das 3 forças máximas individuais em N/cm^2

8. Comunicação de resultados

Teste estático

O resultado é o tempo de espera em minutos.

Com o relatório de resultados:

* Tipo de teste estático
* Desvios dos parâmetros-padrão referidos no ponto 6
* Quando se efectuam ensaios em I&D: o modo de falha
* Quando o ensaio é efectuado em I *& D:* Tempo até ao final do ensaio e fluência em mm

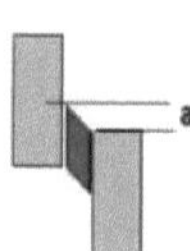

Example 1: fita A, ensaio de cisalhamento placa a placa, estático, 1000 g, 70 ° C: 720 min

Example 2: Fita B, ST placa-placa, estática, 2000 g, 23 **°C,** após **1 h** 60 **°C:** 720 min *Utilizou-se aqui um tempo de espera padrão.*

Example 3: fita C, placa ST/placa, estática, 2 kg, 23 °C: >22.000 min, fluência 4,5 mm.
-¿Aqui o ensaio foi interrompido após 22.000 min e foi medida uma fluência média de 4,5 mm.

Teste dinâmico

O resultado é a média das forças máximas medidas N/cm^2.

Com o relatório de resultados:

* Tipo de teste dinâmico
* Desvios dos parâmetros-padrão referidos no ponto 6
* Quando se efectuam ensaios em I&D: o modo de falha

Exemplo I: fita A, placa de ensaio de placa, dinâmica, 105 N/cm^2.

Impressão - o documento em linha tem precedência!

9. História

Ver. 2 março 20 12: Alterações significativas: O método para o ensaio de cisalhamento dinâmico foi integrado. O nome do método mudou de "Shear Test Plate-PI ate" para "Shear Test Plate-PI ate, static/dynamic"

Ver. I março de 2010

10. Notas

Dados experimentais

Resultados do ensaio de cisalhamento dinâmico

#	Taxa (mm/min)	Carga máxima (N)	Máx. Carga/ Área (N/cm^2)	Tempo no pico (seg)	Tempo de rutura (seg)	Extensão no pico (mm)	Extensão final (mm)	Deformação de tração no pico (%)	Tensão de tração no pico (kPa)	Tensão de tração final (%)
1	500	372.08	143.11	0.90	1.82	7.50	15.15	625.00	1,431.07	1,262.50
2	500	395.69	152.19	1.10	3.18	9.17	26.53	764.17	1,521.87	2,210.83
3	500	399.10	153.50	1.00	2.18	8.33	18.17	694.17	1,535.00	1,514.17
4	500	383.17	147.37	1.00	2.28	8.33	19.02	694.17	1,473.73	1,585.00
5	500	428.67	164.87	1.00	3.01	8.33	25.05	694.17	1,648.72	2,087.50
6	50	241.37	92.83	9.20	32.39	7.67	26.99	639.17	928.33	2,249.17
7	50	261.41	100.54	9.90	29.40	8.25	24.50	687.50	1,005.42	2,041.67
8	50	273.28	105.11	10.50	35.56	8.75	29.63	729.17	1,051.09	2,469.17
9	50	275.25	105.87	10.30	22.85	8.58	19.04	715.00	1,058.67	1,586.67
10	50	282.72	108.74	10.60	35.18	8.83	29.32	735.83	1,087.37	2,443.33
11	5	144.05	55.40	96.30	303.24	8.03	25.27	669.17	554.03	2,105.83
12	5	168.42	64.78	109.40	346.20	9.12	28.85	760.00	647.78	2,404.17
13	5	169.35	65.14	114.20	324.36	9.52	27.03	793.33	651.36	2,252.50
14	5	162.95	62.67	109.40	328.20	9.12	27.35	760.00	626.74	2,279.17
15	5	164.35	63.21	113.50	293.52	9.46	24.46	788.33	632.10	2,038.33
16	5	160.17	61.61	111.60	297.24	9.30	24.77	775.00	616.05	2,064.17
17	1	104.99	40.38	581.30	1,559.45	9.69	25.99	807.50	403.81	2,165.83
18	1	104.99	40.38	581.30	1,559.45	9.69	25.99	807.50	403.81	2,165.83
19	0.50	82.44	31.71	1,145.90	3,079.20	9.55	25.66	795.83	317.07	2,138.33

20	0.50	84.52	32.51	1,267.60	3,171.60	10.56	26.43	880.00	325.06	2,202.50
21	0.50	83.28	32.03	1,036.60	3,064.80	8.64	25.54	720.00	320.29	2,128.33
22	0.50	80.61	31.00	1,001.50	2,583.60	8.35	21.53	695.83	310.04	1,794.17
23	0.50	81.54	31.36	1,065.70	3,048.00	8.88	25.40	740.00	313.61	2,116.67
24	0.353	72.84	28.02	1,530.50	4,144.80	9.02	24.41	751.67	280.15	2,034.17
25	0.353	72.84	28.02	1,530.50	4,144.80	9.02	24.41	751.67	280.15	2,034.17
26	0.050	39.84	15.32	9,475.20	25,248.00	7.90	21.04	658.33	153.22	1,753.33
27	0.050	40.70	15.65	13,607.60	31,356.00	11.34	26.13	945.00	156.53	2,177.50
28	0.050	41.24	15.86	9,769.70	30,089.10	8.14	25.07	678.33	158.62	2,089.17
29	0.050	41.77	16.07	12,629.00	29,875.70	10.50	24.90	875.00	160.65	2,075.00
30	0.050	46.33	17.82	8,560.80	29,400.00	7.10	24.50	591.67	178.19	2,041.67
31	0.050	41.24	15.86	9,769.70	30,089.10	8.14	25.07	678.33	158.62	2,089.17
32	0.010	19.32	7.43	20,768.30	21,344.20	3.46	3.56	288.33	74.31	296.67
33	0.010	27.27	10.49	44,815.30	141,244	7.47	23.54	622.50	104.88	1,961.67
34	0.010	27.70	10.65	58,917.40	134,917	9.82	22.49	818.33	106.54	1,874.17
35	0.010	27.27	10.49	44,815.30	141,244	7.47	23.54	622.50	104.88	1,961.67
36	0.010	27.70	10.65	58,917.40	134,917	9.82	22.49	818.33	106.54	1,874.17
37	0.005	22.28	8.57	78,733.50	234,360	6.56	19.53	546.67	85.68	1,627.50
38	0.005	22.17	8.53	81,600.00	240,002	6.80	20.00	566.67	85.27	1,666.67
39	0.005	21.88	8.42	79,320.00	264,120	6.61	22.01	550.83	84.15	1,834.17
40	0.005	19.76	7.60	88,200.00	253,301	7.35	21.11	612.50	76.00	1,759.17
41	0.0008	16.69	6.42	795,000.0	1,725,000	10.60	23.00	883.33	64.19	1,916.67

Resultados do ensaio de cisalhamento estático relacionados com a Figura 4.3

Cargas (kg)	1.02	1.52	1.77	2.02	2.10	2.52	3.02	4.02
Força (N)	10.01	14.91	17.36	19.82	20.60	24.72	29.63	39.44
Força/área (N/cm^2)	3.85	5.74	6.68	7.62	7.92	9.51	11.39	15.17

Tensão (kPa)		38.49	57.35	66.78	76.22	79.23	95.08	113.95	151.68
Espécime #	1	8.78E+6	1.81E+6	3.67E+5	1.25E+5	1.29E+5	5.55E+4	2.99E+4	9.24E+3
	2	9.67E+6	1.83E+6	4.52E+5	1.31E+5	1.31E+5	5.78E+4	3.13E+4	9.69E+3
	3	1.02E+7	1.91E+6	5.05E+5	1.76E+5	1.62E+5	6.30E+4	3.14E+4	9.85E+3
	4	1.26E+7	2.14E+6	5.34E+5	1.80E+5	1.73E+5	7.14E+4	3.40E+4	1.09E+4
	5	1.29E+7	2.49E+6	5.66E+5	2.72E+5	2.42E+5	8.47E+4	4.66E+4	1.10E+4
Tempo de falha	Média (s)	1.08E+7	2.04E+6	4.85E+5	1.77E+5	1.68E+5	6.65E+4	3.46E+4	1.01E+4
	Desvio padrão	1.82E+6	2.87E+5	7.81E+4	5.90E+4	4.60E+4	1.19E+4	6.84E+3	7.72E+2
	log10 tempo de falha	7.03	6.30	5.68	5.24	5.22	4.82	4.53	4.00

Resumo dos resultados da taxa de cisalhamento e da viscosidade aparente

Velocidade de ensaio (mm/min)	Taxa de cisalhamento (s^{-1})	Tensão de cisalhamento (kPa)	Viscosidade aparente n (MPa.s)
500	6.944444	1,522.08	0.22
50	0.694444	1,026.18	1.48
5	0.069444	621.35	8.95
1	0.013889	403.81	29.07
0.5	0.006944	317.22	45.68

0.35	0.004908	280.15	57.08
0.05	0.000694	161.41	232.44
0.0100	0.000139	104.88	755.17
0.0050	0.000069	82.78	1,191.97
0.0008	0.000011	64.19	5,777.31

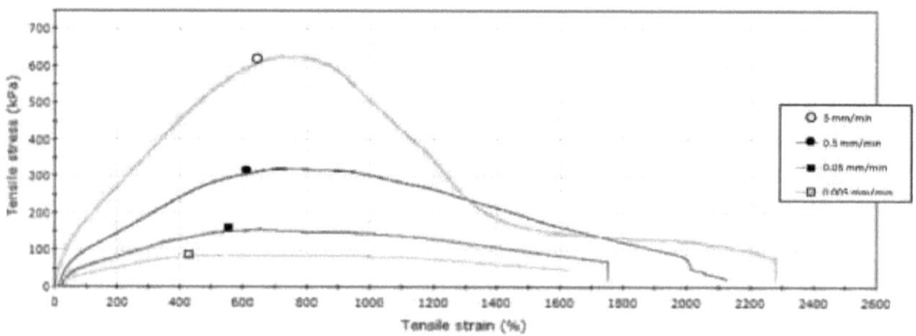

Figura 1 Diagrama tensão-deformação de PSA de espuma acrílica em MD a baixas velocidades de ensaio

Usando o modelo Instron nº 33R4464

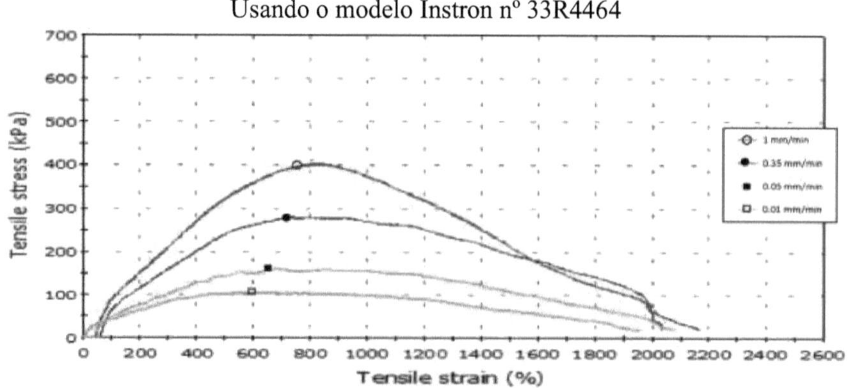

Figura 2 Diagrama tensão-deformação do PSA de espuma acrílica em MD a baixas velocidades de ensaio

Usando o modelo Instron nº 33R4464

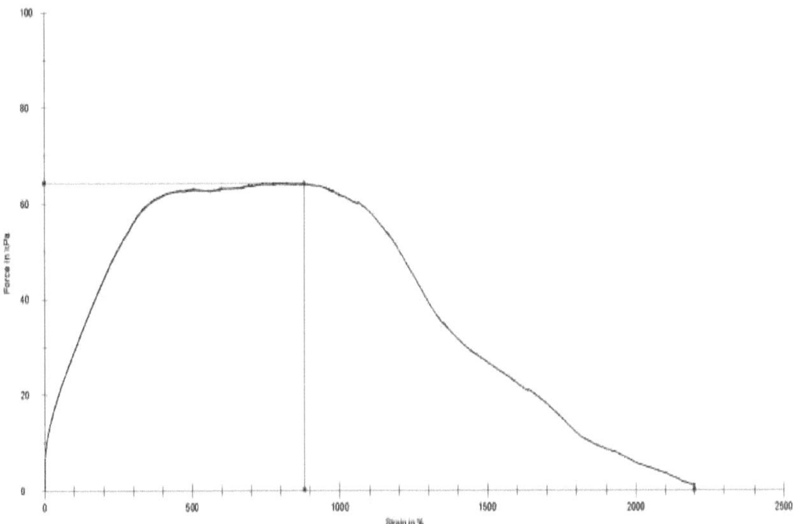

Figura3 : Diagrama tensão-deformação do PSA de espuma acrílica em MD a 0,0008 mm/min utilizando Zwick / Z 2.5

Figura 23Figura B.3:Diagrama tensão-deformação da espuma acrílicaPSA em MD a0,0008mm/minusandoZwick/Z2.5

C. Cálculos

C.1 Exemplo de utilização de valores de projeto

As fitas de núcleo de espuma acrílica são utilizadas em aplicações estruturais. Os valores de design estão a tornar-se cada vez mais exigidos pelos clientes de materiais de construção, especialmente para aplicações de montagem. Uma das aplicações diretas é a montagem de sinalética.

Por exemplo, um cliente pretende fixar um sinal que pesa 50 kg utilizando um PSA de espuma acrílica. O cliente pretende saber a quantidade de fita a utilizar (área de colagem) para segurar o sinal durante, pelo menos, 25 anos. O valor de conceção proporciona um desempenho aceitável para aplicações de corte, incorporando simultaneamente factores de segurança típicos da indústria.

Solução:

Para suportar uma carga de 50 kg durante 25 anos, o valor de projeto obtido a partir do modelo de cisalhamento estático é de 22,60 kPa e o valor de projeto utilizando o modelo de cisalhamento dinâmico com tempo no pico de tensão é de 23,30 kPa. Para estar no lado seguro, o valor de projeto mais baixo é utilizado para calcular a área de ligação necessária. Assim, 22,6 kPa é o valor de projeto final. O valor de projeto final é o valor de tensão manipulado com base numa escala de laboratório e em testes em ambiente de laboratório. Será adicionado um fator de segurança aos cálculos teóricos. Para as fitas de espuma acrílica utilizadas em aplicações de fixação a longo prazo, os engenheiros utilizam normalmente um fator de segurança de 12 ou mais nos seus projectos [15]. E o valor de projeto estrutural é o valor de projeto utilizado após a adição de um fator de segurança para assegurar que a falha nunca é atingida durante o período de tempo designado.

O melhor valor de design: $22.6\,kPa = 22.6\frac{kN}{m^2} \times \frac{1\,kg}{9.81\times10^{-3}kN} \times \frac{1\,m^2}{100^2\,cm^2} = 0.23\frac{kg}{cm^2}$

Utilizando a Eq. C.3, valor de projeto estrutural $= \frac{\text{Refernce design value}}{\text{Safety factor}} = \frac{0.23\,{kg}/{cm^2}}{12} =$ $0.0192\frac{kg}{cm^2}$

Para calcular a área de ligação necessária:

$0.0192\,kg \rightarrow 1\,cm^2$

$50\,kg \quad\quad \rightarrow x\,cm^2$

Assim, a área de ligação necessária para suportar uma carga de 50 kg durante 25 anos é de 2.604,16 cm^2. Com base no valor do projeto estrutural, pode ser garantida uma tensão segura para a utilização final de um PSA.

C.1 Equações utilizadas

$$\text{Time} = \frac{\text{Distance}}{\text{Speed}} \quad \text{(eq. C.1)}$$

$$\eta = \frac{\tau}{\dot{\gamma}} \quad \text{(eq. 4.1)}$$

n: viscosidade aparente (Pa.s)

- T : tensão de cisalhamento (Pa)
- Y : taxa de cisalhamento (s^{-1})

$$\tau = \frac{F}{A} \quad \text{(eq. 4.2)}$$

- T: tensão de cisalhamento máxima (kPa)
- F: força máxima (kN)
- A: área de ligação área (m^2)

$$\dot{\gamma} = \frac{\upsilon}{h} \qquad \text{(eq. 4.3)}$$

- Y : taxa de cisalhamento (s^{-1})
- Velocidade de tração (mm/min)
- *h:* distância entre placas ou espessura do provete de PSA (mm)

$$\tau = K\left(\frac{\partial u}{\partial y}\right)^n \qquad \text{(eq. 4.4)}$$

- K: índice de consistência
- n: índice de comportamento do fluxo
- $\frac{\partial u}{\partial y}$: shear rate

$$\text{Coefficient of variance} = \frac{\text{Standard deviation}}{\text{mean}} \qquad \text{(eq. C.1)}$$

$$\text{Structural design value} = \frac{\text{Refernce design value}}{\text{Safety factor}} \qquad \text{(eq. C.2)}$$

$$\text{Shear strain} = \frac{\text{Extension}}{\text{Thickness}} \times 100\,\% \qquad \text{(eq. C.3)}$$

Cálculos baseados no provete número 19 do quadro B.1.

- Extensão: qualquer ponto durante a deformação.
- Comprimento original: 1,2 mm.

C.2 Cálculo da amostra

Geometria do provete, 13 mm x 20 mm x 1,2 mm

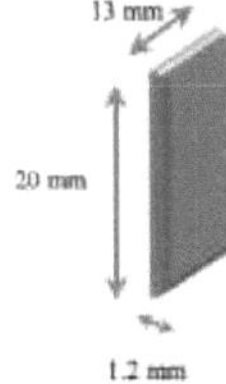

Área de ligação = 2,6 cm^2

$$\text{Time} = \frac{\text{Distance}}{\text{Speed}} \qquad \text{(eq. C.1)}$$

$$\text{Theoretical failure time} = \frac{20\ \text{mm}}{0.5\ \text{mm/min}} = 40\ \text{min} = 2{,}400\ \text{seconds}$$

$$\tau = \frac{F}{A} \qquad \text{(eq. 4.2)}$$

$$\tau = \frac{F}{A} = \frac{82.44\ \text{N}}{2.6\ cm^2} = 31.71\ \frac{N}{cm^2} \times \frac{100^2 cm^2}{m^2} = 317{,}100\ \frac{N}{m^2} = 317.1\ \text{kPa}$$

$$\dot{\gamma} = \frac{\upsilon}{h} \qquad \text{(eq. 4.3)}$$

$$\dot{\gamma} = \frac{0.5\ ^{mm}/_{min}}{1.2\ \text{mm}} = 0.417\ min^{-1} = 0.00694\ s^{-1}$$

$$\eta = \frac{\tau}{\dot{\gamma}} \qquad \text{(eq. 4.1)}$$

$$\eta = \frac{317.1\ \text{kPa}}{0.00694\ \text{s}^{-1}} = 45{,}691.64\ \text{kPa.s} = 45.69\ \text{MPa.s}$$

$$\text{Coefficient of variance} = \frac{\text{Standard deviation}}{\text{mean}} \qquad \text{(eq. C.1)}$$

Samples series number 19 to 23 from Table B.1:

$$\text{CV} = \frac{\text{Standard deviation}}{\text{mean}} = \frac{5.82}{317.21} = 0.02$$

$$\text{Shear strain} = \frac{\text{Extension}}{\text{Thickness}} \times 100\ \% \qquad \text{(eq. C.3)}$$

$$\text{Shear strain at rupture} = \frac{25.66}{1.2} \times 100\ \% = 2{,}138.33\ \%$$

Printed by Books on Demand GmbH, Norderstedt / Germany